Cyber-physische Produktionssysteme und ihre Verwendung. Chancen und Risiken für die Arbeitswelt

Julian Winter

Bibliografische Information der Deutschen Nationalbibliothek:

Die Deutsche Nationalbibliothek verzeichnet diese Publikation in der
Deutschen Nationalbibliografie; detaillierte bibliografische Daten sind
im Internet über http://dnb.d-nb.de abrufbar.

ISBN: 9783346741035
Dieses Buch ist auch als E-Book erhältlich.

Das Buch bei GRIN: https://www.grin.com/document/1282651

Name: Julian Winter

Assignment im Modul

IKK71 Interdisziplinäre Kompetenz

Cyber-physische Produktionssysteme

Untersuchung zur Verwendung von Cyber-physische Produktionssysteme

Chancen und Risiken für die Arbeitswelt

Goslar, 16.06.2022

Inhaltsverzeichnis

Abbildungsverzeichnis

Einleitung

„Die Fabrik der Zukunft wird zwei Angestellte haben, einen Menschen und einen Hund. Der Mensch ist dazu da, den Hund zu füttern. Der Hund, um den Menschen davon abzuhalten, die Geräte anzufassen." – *Warren G. Benni*

Dieses Zitat, welches auch als Witz verstanden werden kann, stammt von einem wichtigen amerikanischen Wirtschaftswissenschaftler des letzten Jahrhunderts, Warren G. Benni (1925-2014). Im Kern soll diese Aussage zeigen, dass sich der Anteil an menschlicher Arbeit in den Fabriken dieser Welt reduziert, bis hin zu Fertigungen in denen keine physische menschliche Arbeitskraft mehr benötigt wird. Diese Entwicklung hat deutliche Auswirkungen auf die heutige und zukünftige Arbeitswelt. Neben den vielen Vorteilen die der technische Fortschritt den Unternehmen bringt, stellen sich auch einige Herausforderungen heraus, die betrachtet und gelöst werden müssen. Besonders die Anforderungen an Tätigkeiten, die durch Menschen erledigt werden müssen verändern sich deutlich.

Im Rahmen dieser Ausarbeitung werden Chancen und Risiken herausgearbeitet, welche sich durch die Einführung und Nutzung Cyber-physische Produktionssysteme (CPPS) ergeben. Daraus abgeleitet werden Handlungsempfehlungen für das Management eines Unternehmens betrachtet, die erfolgreichen Wandel, besonders im Hinblick auf das betroffene Personal, begleiten. Weiterhin sollen diese Veränderungen aus ethischem Blickwinkel beleuchtet werden.

Um die eben genannten Ziele dieses Assignments besser einordnen zu können werden im ersten Teil Grundlagen zu Cyber-physischen Produktionssystemen geklärt, sowie eine Einordnung im Hinblick auf den Begriff Industrie 4.0 vorgenommen. Weiterhin wird der Themenbereich der Wirtschaftsethik im Unternehmen thematisiert. Im zweiten Teil wird die Veränderung der Anforderungen an menschliche Arbeit, die sich durch die Bestrebungen der Industrie 4.0 ergeben, ausgeführt. Der dritte Abschnitt analysiert Chancen und Risiken für Unternehmen und Mitarbeiter beim Einsatz von CPPS im Kontext der Industrie 4.0 und zieht den Bogen zum wirtschaftsethischen Blickwinkel. Die Ableitung von Handlungsempfehlungen bildet den Kern des vierten Abschnitts und mit einer Zusammenfassung bzw. einem Ausblick wird die Ausarbeitung abgeschlossen.

Zur sprachlichen Darstellung folgt an dieser Stelle der Hinweis:

Um eine bessere Lesbarkeit zu gewährleisten, wurde im Text auf die geschlechtsbezogene Formulierung verzichtet. Es sind selbstverständlich immer alle Geschlechter gemeint, obwohl nur eines der Geschlechter angesprochen wird.

1 Grundlagen

Dieses Kapitel behandelt als erstes die Historie der industriellen Revolutionen, bis hin zur Industrie 4.0. Anschließend wird hierbei der Bogen zu den Cyber-physische Produktionssysteme gespannt und erklärt, inwiefern eine Abgrenzung der Begrifflichkeiten vorgenommen werden kann. Weiterhin wird Bereich der Wirtschaftsethik kurz vorgestellt, sowie im letzten Teil die erste Verknüpfung der beiden Themen Wirtschaftsethik und CPPS vorgenommen.

1.1 Historie und Einordnung der Industrie 4.0

In der historischen Vergangenheit wurden immer wieder industrielle Revolutionen beschrieben. Die Erste nahm in den fünfziger Jahren des 18. Jahrhundert an Fahrt auf, denn durch Wasser bzw. Dampf betriebenen Arbeits- und Kraftmaschinen gelangen in der Eisen- und Stahlindustrie sowie Textilbranche große Durchbrüche. Um 1870 brachten die Entwicklung von Förder- und Fließbändern und die breite Nutzung der elektrischen Energie die industrielle Massenproduktion – dies wird als zweite industrielle Revolution angesehen. In seinen Ausläufen herrscht noch heute die dritte industrielle Revolution vor, welche geprägt ist durch den Einsatz von Informations- und Kommunikationstechnologie (IKT) sowie von Elektronik. Dies führte besonders zu vielen Automatisierungen in der Produktion. Auf der Hannover-Messe im Jahr 2011 wurde erstmals von der Industrie 4.0 gesprochen. Die „vier" stellt einen Bezug zur fortlaufenden Nummer der industriellen Revolutionen dar. Diese sich anbahnende vierte Welle basiert auf grundlegenden Veränderungen in der IKT und Produktion hin zu einer intelligenten Fabrik.[1] Dabei nimmt die Integration des Internets in bestehende Geschäftsmodelle und die Vernetzung von Wertschöpfungsketten eine zentrale Rolle ein. Durch die Verknüpfung von Produkten, Produktionsanlagen oder der Supply Chain entwickelte sich das „Internet der Dinge und Dienste". Im Bereich der Fabriken entstehen intelligente, vernetzte

---

[1] Vgl. Siepmann, 2016, S. 19f.

Produktionssysteme, welche auch als Cyber-physische Produktionssysteme oder Smart Factories bezeichnet werden.[2]

1.2 Abgrenzung Industrie 4.0 und CPPS

Da sich bestehende, sowie neu entstehende intelligente Fabriken in die bereits seit Jahrzehnten existierende, weltweite Prozesse und Institutionen einfügen und in allen anderen Bereichen tendenziell ähnliche Bestrebungen und Entwicklungen in den Bereichen der digitalen Transformation stattfinden, wird als zentraler Begriff für eine sich rasch ändernden Welt die „Digitalisierung" genutzt. Der Begriff Industrie 4.0 bildet hierbei den Teilbereich der Produktionsarbeit ab.[3]

Um eine Struktur und einen Überblick über die Komponenten der Industrie 4.0 zu erlangen, hilft eine Einteilung in Stufen. Die Kombinationen der Technologien Ubiquitous Computing, Internet der Dinge und Dienste und Cloud Computing erlaubt auf der Stufe der Cyber-physischen Systeme (CPS) ein Zusammenspiel von Soft- und Hardwaresystemen zu einem intelligenten und komplexen Verbund. Die Objekte in diesen Systemen sind mit der Fähigkeit ausgestattet Daten und Informationen zu versenden und zu verarbeiten. Eine Echtzeitauswertung z. B. bei der Wartung oder Steuerung von Anlagen und Maschinen ist dadurch möglich. Der Verbund von mehreren CPS macht eine Steuerung der Produktion über ein CPPS (Stufe 2) möglich. Die einzelnen CPS sind vernetzt und kommunizieren miteinander (Maschine-zu-Maschine Kommunikation). Besonders für die Steuerung bzw. Überwachung dieser Systeme wird eine Kommunikation zwischen Mensch und Maschine benötigt, hierfür sind Schnittstellen wie beispielsweise Virtual Reality (VR) notwendig. Die Implementierung von CPPS in Produktionen der Unternehmen fordert neben den technischen Grundvoraussetzungen neuartige Denkweisen, neu gedachte Geschäftsprozesse oder auch gesamthafte Zukunftsvisionen.[4] Dies ist auf Stufe 3 als Industrie 4.0 zusammengefasst und bildet wie oben beschrieben den Teilbereich der Produktion im Rahmen der Digitalisierung ab. Der Zusammenhang zwischen den Stufen ist in Abbildung 1 visualisiert. Um tiefer in die aufgezeigten Technologien einzutauchen wird an dieser Stelle auf die angegebene Literatur verwiesen.

---

[2] Vgl. Wagner, 2018, S. 4f.
[3] Vgl. Wagner, 2018, S. 4f.
[4] Vgl. Siepmann, 2016, S. 22f.

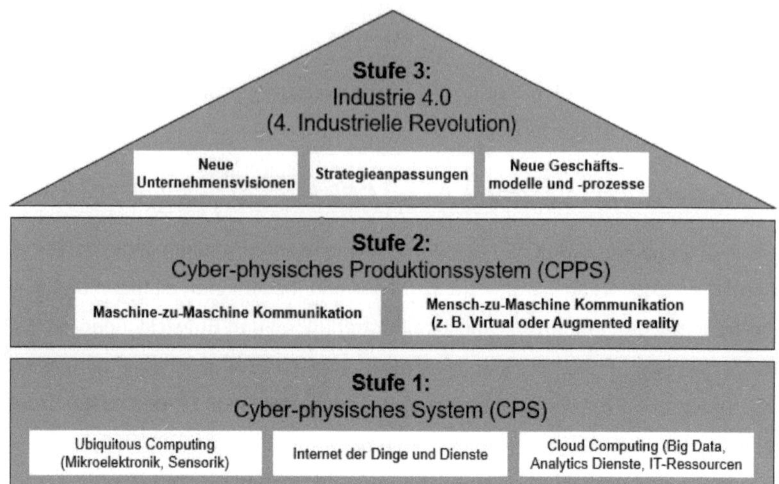

Abbildung 1: Komponenten und Stufen Industrie 4.0[5]

1.3 Was ist Wirtschaftsethik?

Das Feld der Wirtschaftsethik ist sehr breit und kann in vollem Umfang in dieser Ausarbeitung nicht ausgeführt werden. Daher wird an dieser Stelle der Begriff der Wirtschaftsethik definiert und auf die Zielsetzungen eingegangen. Weiterhin wird, vorbereitend auf die Zielsetzung dieser Arbeit, eine erste Einordnung vorgenommen, inwiefern Wirtschaftsethik beim Einsatz von Cyber-physischen Produktionssystemen berücksichtigt werden kann.

1.3.1 Definition Wirtschaftsethik

Die Wirtschaftsethik untersucht die Verbindung zwischen ökonomischen Themen und dem menschlichen Handeln. Geleitet ist das menschliche Handeln durch gesellschaftliche Normen und Werte. Die Wirtschaftsethik kreiert daraus basierend wünschenswerte Regeln und Normen, die im System der Marktwirtschaft angewandt werden sollen. Sie schafft somit eine systematische Basis und schließt sowohl die individuelle, als auch die institutionelle Ebene des Handelns mit ein. Auf dieser Stufe geht es um makroökonomische Fragestellungen bezogen auf die Arbeitswelt, Wirtschaftsverfassung und der Umwelt. Daher stehen wirtschaftsethische Fragestellungen oft im Zusammenhang mit der Wirtschaftspolitik.[6]

---

[5] Vgl. Siepmann, 2016, S. 22.
[6] Vgl. Dietzfelbinger, 2015, S. 209.

1.3.2 Ziel und Zweck der Wirtschaftsethik

Ein grundlegender Zweck bzw. Aufgabe der Wirtschaftsethik ist die Gegenüberstellung der ökonomischen individuellen Interessen und dem Gemeinwohl. Auch die indirekte Förderung von ethischem Verhalten durch die Veranschaulichung der Produktivitätsvorteile für Unternehmen und Gesellschaft, die sich durch die Einhaltung von ethischen Verhaltensweisen ergeben, kann als weitere Aufgabe der Wirtschaftsethik gesehen werden. In diesem Kontext ist die Betrachtung inwiefern ein wirtschaftliches Handeln in einer Situation der Gesellschaft, dem Unternehmen oder Menschen nutzt, eine Kernfrage der Wirtschaftsethik. Die Wirtschaftsethik erweitert somit die ökonomisch getriebenen Disziplinen der BWL und VWL und strebt eine Sicherstellung von Nutzen im wirtschaftlichen Verhalten und ökonomischen Entscheidungen an.[7]

1.3.3 Ebenen der Wirtschaftsethik bei Betrachtung von CPPS

Um sich klar zu machen auf welcher Ebene Wirtschaftsethik stattfindet, lohnt sich eine Einteilung in drei Stufen: Individual-, Institutionen- und Systemebene. Auf der Individualebene lassen sich Themen direkt an Mitarbeiter und Führungskräfte richten – denkbare Gebiete auf dieser Ebene können beispielsweise Korruption, Moralverlust oder Mobbing sein. Das Unternehmen ist auf der Ebene der Institutionen angesprochen. Hierbei steht das Verhalten des Unternehmens zu internen oder externen Themen im Mittelpunkt. Beispiele auf dieser Stufe können Themen zu Arbeits-, Team- und Organisationsstrukturen, Unternehmensleitbilder oder Unternehmenswerte sein. Auf der Systemebene der Wirtschaftsethik lassen sich Themen verorten, welche über das Unternehmen hinaus gehen und viele andere Stakeholder mit einbezieht. Es ist oft das gesamte Umfeld betroffen. Beispielhaft können hier Themen zu Wertewandel, Globalisierung oder zu sozialer Ungerechtigkeit angeführt werden. Besonders bei der Betrachtung komplexer Fälle ist zwar eine randscharfe Abgrenzung zwischen diesen Ebenen nicht immer möglich, allerdings ist es lohnenswert sich dieser Abgrenzung bewusst zu machen um eine Konfliktsituation besser zu verstehen und die geeigneten Instrumente zur Lösung des Konflikts anzuwenden.[8]

---

[7] Vgl. Conrad, 2020, S. 19
[8] Vgl. Dietzfelbinger, 2015, S. 16.

Übertragen auf den Einsatz von CPPS in den Produktionen der Unternehmen sind auf dieser Basis viele Konfliktfälle im Rahmen der Wirtschaftsethik denkbar, die sich auf den unterschiedlichen Ebenen einordnen lassen. Denkbar wäre ein gestiegener Kostendruck durch die Globalisierung auf die Produktion, die einen generellen Einsatz eines CPPS fordert, um Mitarbeiter einzusparen. Hier würde man sich zwischen System- und Institutionsebene bewegen. Daran anschließend könnte der Konflikt des gesunkenen Personalbedarf und der Umgang mit den Mitarbeitern selbst in der Situation auf der Institutionsebene oder auch auf Individualebene, durch persönliche Entscheidungen einer Führungskraft einordnen werden.

2   Veränderung der menschliche Arbeit in der Industrie 4.0

In der Fertigung eines Industriebetriebs werden die Produktionsfaktoren Arbeit, Betriebsmittel, Werksstoffe sowie der dispositive Faktor in der allgemeinen Betriebswirtschaftslehre zur Erstellung von Produkten und Dienstleistungen kombiniert. Beim vermehrten Einsatz von CPPS verändern sich die Anforderungen an diese Produktionsfaktoren und die Anteile können sich verschieben. Analoge und klassische Werkzeuge verschwinden verstärkt aus der industriellen Produktion und werden durch digitale Komponenten ersetzt. Beispielhaft können hier der Einsatz von mobilen Endgeräten zur Steuerung und Kontrolle der Fertigungsprozesse oder für die Maschinenwartung genannt werden. Weiterhin sind Einsätze von Virtual Reality bei der Simulation von Prozessen, der vermehrte Einsatz von Automatisierungssystemen oder 3D-Druckern in der Produktion denkbar. Neben der Anforderung die Prozesse in der Fertigung dadurch zielorientiert anpassen zu müssen, muss der Umgang mit den neu eingesetzten Technologien von den Mitarbeitern erlernt und akzeptiert werden.[9]

Der vermehrte Einsatz von Technologien aus dem Bereich 4.0 erhöht die Automatisierungsquote und somit auch das Automatisierungsrisiko in vielen Berufen oder Tätigkeitsbereichen. Inwiefern sich dieses Risiko in den Berufszweigen bemerkbar macht/machen wird, ist auch in der Vielzahl der Studien unterschiedlich angegeben. Stellvertretend wird an dieser Stelle ein Auszug aus einer Studie der Firma MHP aus

---

[9] Vgl. Neuburger, 2019, S. 595f.

dem Jahr 2017 aufgezeigt, die die Tendenz deutlich machen soll. Hier ist das Automati-sierungsrisiko für Monteure mit ca. 86%, für technische Sachbearbeiter in der Fertigung mit etwa 94% und für Lagerarbeiter mit 57% angegeben. Wohingegen das Risiko für Entwicklungs- und Produktionsingenieuren mit 3,4% und Projektleitern mit nur 1,4% re-lativ gering anzusehen ist. Dies zeigt, dass herkömmliche Tätigkeiten verschwinden o-der weniger gebraucht werden, wohingegen neue Berufe und Tätigkeitsfelder entste-hen.[10] Eine Übersicht welche Kompetenzfelder in der Industrie 4.0 besonders gefordert sind, ist in der Abbildung 2 dargestellt.

Abbildung 2: Erforderliche Kompetenzen in der Industrie 4.0[11]

3 Chancen und Risiken beim Einsatz von CPPS

Der Einsatz von CPPS im Rahmen von Industrie 4.0 birgt viele Chancen und Risiken für die Unternehmen und Mitarbeiter. Wie bereits im Kapitel 2 beschrieben veränderten sich Anforderungen an Tätigkeitsbereiche, Berufsbilder entstehen, verändern sich oder sind nicht mehr gefragt. In diesem Kapitel werden Chancen und Risiken beleuchtet, die durch den vermehrten Einsatz von CPPS in der Produktion entstehen. Hierfür werden einlge Szenarien beschrieben, die als Chancen oder Risiken für Mitarbeiter oder das Unternehmen gesehen werden können. Anschließend wird zu den Ausführungen eine Analyse vorgenommen und eine Interpretation aus den wirtschaftsethischen Blickwinkel vorgenommen.

---

[10] Vgl. Neuburger, 2019, S. 600f.
[11] Neuburger, 2019, S. 604.

3.1 Chancen und Risiken

Um cyberphysische Produktionssysteme erfolgreich in der Produktion implementieren zu können, bedarf es des Einsatzes der erforderlichen Technologien und einer Vernetzung der räumlich getrennten Produktionsstätten oder Maschinen. Weiterhin ist eine Standardisierung der Prozesse gefordert, damit der hohen Komplexität begegnet werden kann. Dabei sollten die Mitarbeiter, die Kontaktpunkte zu den implementierten Prozessen, das Verständnis zum Gesamtsystem und der Wirkweise der Produktionsprozesse nicht verlieren.[12] Dieser Zusammenhang zwischen der Integration neuartiger Systeme und dem Verständnis der Mitarbeiter hierzu ist als Risiko einzuordnen, da der Bezug zu den Prozessen und Funktionsweisen verloren gehen kann. Besonders im Fall einer Störung oder in besonderen Situationen ist das Verständnis und die Expertise der Mitarbeiter gefragt, welche bei steigender Komplexität und weniger Bezug zu den Produktionsprozessen verloren gehen kann.

Für das Unternehmen bedeuten die Beschaffung der geeigneten Technologie hohe Investitionen in geeignete Anlagen oder der Nachrüstung, außerdem müssen aktuelle Prozesse analysiert und verändert – „CPPS-ready" gemacht werden. Hierfür sollte eine ausreichende Planung und Analyse ausgesteuert werden, um die langfristigen Kostenvorteile im Produktionseinsatz zu validieren. Für Mitarbeiter, die beispielweise die zukünftigen Produktionsprozesse überwachen oder Wartungen im Betrieb durchführen sollen, sollten frühzeitig in die Planungsphasen involviert werden. So kann ein frühzeitiges Verständnis aufgebaut, mögliche Schulungsbedarfe ermittelt oder auch die Nutzung des vorhandenen Know-Hows der Mitarbeiter genutzt werden. Sowohl das Unternehmen, als auch die Mitarbeiter können hiervon profitieren. Daher kann der genannte Punkt als Chance gesehen werden. Das Unternehmen kann vom Erfahrungswissen profitieren und die Mitarbeiter beschäftigen sich frühzeitig mit den neunen Technologien, können diese besser Durchdringen und machen sich dadurch evtl. wertvoller im Hinblick auf ihre Erfahrungen.

Die Wandlung von manuellen, repetitiven Tätigkeiten vermehrt hin zu kognitiven, nicht-repetitiven Aufgaben im menschlichen Tätigkeitsbereich in der Industrie 4.0 gilt weiter-

---

[12] Vgl. Deuse, Weisner, Hengstebeck, Busch, 2015, S. 100.

hin als ein Merkmal beim wachsenden Einsatz von Robotern und automatisierten Systemen.[13] Für Mitarbeiter kann diese Entwicklung sowohl positiv, als auch negativ aufgenommen werden – einigen liegen sich nicht ändernde Tätigkeiten mehr, einigen weniger.

Weiterhin kann der Einsatz von Assistenzsystemen in der Produktion einen Beitrag leisten, um die Produktivität der Mitarbeiter länger aufrecht zu halten. Dies ist im Hinblick auf den demografischen Wandel und die damit einhergehende Forderung nach Belastungsminderung im höheren Alter der Mitarbeiter als Chance zu sehen. Für Tätigkeiten, die einen höheren körperlichen Einsatz verlangen oder einen verstärkt monotonen Charakter haben, können durch die eingesetzte Technik ersetzt oder unterstützt werden. Dieser Aspekt lässt auf den ersten Blick vermuten, dass der Anteil an Arbeitsplätzen ausführender und körperlich belastender Arbeit dadurch sinkt. Allerdings ist zu erwarten, dass auch diese Tätigkeiten mittelfristig erhalten bleiben und durch die technische Unterstützung in der Industrie 4.0 einen höheren Anteil an der Wertschöpfung leisten.[14]

Die Möglichkeiten Prozesse durch neue Technologien zeit- oder standortunabhängig steuern oder überwachen zu können, eröffnen den Unternehmen die Ausweitung flexibler Arbeitsformen in der Produktion. Wie dies bereits für administrative Tätigkeiten vermehrt durch mobile Arbeit oder Home Office im Einsatz ist. Nicht jeder Mitarbeiter muss physisch in der Produktion anwesend sein, um seine Tätigkeiten erledigen zu können.[15] Dies kann bei der Suche nach geeigneten Fachkräften ein vorteilhafter Faktor gesehen werden. Flexibilität und die Möglichkeit aus dem heimischen Büro arbeiten zu können fließen oft mit in die Kriterien zur Arbeitsplatzwahl ein.

Für die Unternehmen bieten sich durch den verstärkten Einsatz von Systemen aus dem Kontext der Industrie 4.0 die Chance einer höheren Produktivität sowie die Möglichkeit innovative, neue Geschäftsmodelle umzusetzen und eine bessere Kontrollmöglichkeit der Wertschöpfungskette bzw. Produktionsprozesse zu haben. Als Risiko oder Herausforderung können hierbei für das Unternehmen eine Abhängigkeit der Funktionsverlässlichkeit, die erfolgreiche Gestaltung der Schnittstellen sowie die Datensicherheit und die Verfügbarkeit von Personal mit geeignetem Fachwissen genannt werden.[16]

---

[13] Vgl. Neuburger, 2019, S. 602f.
[14] Vgl. Becker, 2015, S. 24
[15] Vgl. Neuburger, 2019, S. 595f.
[16] Vgl. Becker, Ulrich, Botzkowski, 2019, S. 92.

3.2 Analyse der Chancen und Risiken aus wirtschaftsethischer Sicht

Ein Unternehmen verfolgt in erster Linie Gewinnmaximierung, allerdings muss hierbei betrachtet werden, zu welchen Kosten die Gewinne maximiert werden. Dieser Zusammenhang machen die Funktionen von Markt und Wettbewerb deutlich. Vor dem Hintergrund der Globalisierung und des technischen Fortschritts haben viele Unternehmen den Druck günstiger und effizienter zu produzieren, dadurch verändert sich der optimale Einsatz von Menschen im Produktionsprozess schnell. Um gemeinsam unter diesen Rahmenbedingungen erfolgreich zu sein, sind Unternehmen und Mitarbeiter bei der Zusammenarbeit auf Kooperation angewiesen, sollten sich also gegenüber loyal verhalten. Wenn sich einer der beiden Parteien nicht loyal verhält kann dies negative Konsequenzen für die jeweils andere Seite haben. Auch das moralische Verhalten der Mitarbeiter ist für die wirtschaftliche Effizienz des Unternehmens von großer Bedeutung.[17] Eine Gegenüberstellung der wirtschaftlichen Interessen des Unternehmens durch die Einführung von CPPS und der individuellen Interessen der betroffenen Mitarbeiter sind also bei der Veränderung eines Tätigkeitsbereichs von Mitarbeitern zu empfehlen.

Weiter oben wurden die Automatisierungsrisiken für verschiedene Berufszweige ausgeführt. Dieses Risiko besteht, allerdings sind durch die digitalen Technologien und innovative Geschäftsmodelle auch eine Vielzahl neuer Tätigkeiten, entstanden. Beispielhaft können hier die Scrum Master oder Cloud-Architekten genannt werden, die auch im Produktionsumfeld von Relevanz sind. Unter dem Aspekt ist davon auszugehen, dass auch weiterhin Felder existieren, in denen die menschlichen Fähigkeiten, wie z. B. Kreativität, Urteilsfähigkeit oder soziale Kompetenz, den maschinellen Möglichkeiten überlegen ist. Neu sind diese Entwicklung im Hinblick auf die vergangenen industriellen Revolutionen nicht, auch hier fanden viele Substitution der menschlichen Arbeitskraft durch den technischen Fortschritt statt.[18]

---

[17] Vgl. Conrad, 2020, S. 159f.
[18] Vgl. Neuburger, 2019, S. 600f.

4 Handlungsempfehlungen für das Management beim Einsatz von CPPS

In diesem Abschnitt werden einige Handlungsempfehlungen für das Management von Unternehmen ausgeführt, welche die Erkenntnisse aus dem dritten Kapitel berücksichtigt und somit Chancen fördern und Risiken vermeiden sollen.

Bei der Gestaltung hat sich die Gesamtbetrachtung zwischen Mensch, Technik und der Organisation bei der Entwicklung sowie Implementierung für den Einsatz von CPPS bewährt. Dies führt zu einer Nachhaltigen Optimierung der Wettbewerbsfähigkeit für das produzierende Unternehmen der Wettbewerbsfähigkeit.[19] Für das Unternehmen gilt es also viele Facetten bei der Planung, Implementierung und Betrieb der CPPS zu berücksichtigen.

Die folgenden Ausführungen wurden in der Literatur für mittelständische Unternehmen beschrieben, Ableitungen hieraus lassen sich aber zweifelsohne auch auf den Einsatz von Komponenten aus der Industrie 4.0 auf alle Unternehmen übertragen: Das Unternehmen sollte generell Cyber-physische Systeme verstehen und vorab die Wertschöpfungskette im Hinblick auf Einsatzmöglichkeiten der Systeme prüfen. Grundlegende sollte also betrachtet werden, ob der Einsatz Effizienzsteigerungen mit sich bringt. Sinnhaft können im ersten Schritt die Aufnahme der vorliegenden Prozesse und Zusammenhänge sein, um Optimierungsbedarf sinnvoll zu identifizieren. Weiterhin sind Prüfungen zu empfehlen, die die Unternehmensperspektiven Strategie, Kultur und Struktur untersuchen. Hierbei kann sich beispielsweise die Frage gestellt werden, ob die geeigneten Ressourcen und Mitarbeiter für die Projekte vorliegen oder ob eine ausreichende Innovationskultur vorherrscht. Wenn festgestellt wird, dass fehlendes Know-How vorherrscht, ist der Einkauf von externen Experten für die Projektlaufzeit denkbar.[20]

Besonders im Hinblick auf die demografischen Entwicklungen sollten vermehrt langjährige Arbeitnehmer effektiv in Umstrukturierungen integriert werden, damit das Potenzial an Erfahrungswissen sinnvoll vom Unternehmen genutzt werden kann. Weiterhin spielt die Weiterbildung von Arbeitnehmern in der Industrie 4.0 durch dynamische Veränderungen und Anforderungen eine große Rolle. Dafür ist es sinnvoll dauerhaft den Mitar-

---

[19] Vgl. Deuse, Weisner, Hengstebeck, Busch, 2015, S. 100.
[20] Vgl. Becker, Ulrich, Botzkowski, 2019, S. 107.

beitern inner- sowie außerbetriebliche Angebote, unabhängig von Alter und vorhergehender Qualifikation, zu bieten. So soll nachhaltige Beschäftigungsfähigkeit verfolgt werden, damit Mehranforderungen und Komplexität gemeistert werden können.[21] Nicht nur die Weiterbildung bestehender Arbeitnehmer sollte im Fokus stehen, auch die Ausbildung neuer Fachkräfte muss sich im Rahmen der Industrie 4.0 anpassen. Zu empfehlen sind flexible Lehr- und Lernformen, die schnell auf veränderte Anforderungen angepasst werden können. In der Industrie 4.0 werden sowohl Expertenwissen, wie auch ein Verständnis der Gesamtzusammenhänge und – prozesse im Unternehmen benötigt. Hierbei sind besonders die Anforderungen der Arbeitnehmer an die MINT-Fächer (Mathematik, Informatik, Naturwissenschaften und Technik) hervorzuheben.[22] Dies sollte das Unternehmen bei der Fokussierung in Aus- und Weiterbildung und der Wahl der Angebote berücksichtigen. Unter den oben genannten Aspekten wären Tandem-Programme denkbar, bei denen beispielweise ein erfahrender, langjähriger und neuer Mitarbeiter für einen begrenzten Zeitraum verstärkt miteinander agieren, um voneinander zu lernen.

5   Zusammenfassung und Ausblick

In dieser Ausarbeitung wurden Chancen und Risiken bei der Implementierung von CPPS in produzierenden Unternehmen global betrachtet und daraus Handlungsempfehlungen für das Management abgeleitet. Die wirtschaftsethische Betrachtung wurde hierbei berücksichtigt.
Um dieses Ziel zu erreichen wurden im ersten Kapitel die Grundlagen geschaffen und eine Verbindung von Industrie 4.0 zu wirtschaftsethischen Betrachtungsweisen erarbeitet. Kern des zweiten Teils war die Untersuchung der Veränderung der Anforderungen an menschliche Arbeitskraft im Kontext der Industrie 4.0. Im dritten Kapitel wurden Chancen und Risiken herausgearbeitet. Der vierte Abschnitt beinhaltet Handlungsempfehlungen für Unternehmen, die sich aus den vorherigen Erkenntnissen ergeben haben. Die Industrie 4.0 hat längst Einzug in viele Produktionen gefunden und somit auch den Einsatz von CPPS gesteigert. Dieser Trend wird sich weiter fortsetzen. Die Aufgaben und Anforderungen für einige Tätigkeitsbereiche ändern sich dadurch drastisch, oder

---

[21] Vgl. Hermann, Hirschle, Kowol, Rapp, Resch, Rothmann, 2017, S. 250f.
[22] Vgl. Hermann, Hirschle, Kowol, Rapp, Resch, Rothmann, 2017, S. 248.

Menschen werden gar durch Maschinen ersetzt. Wie oben dargestellt ergeben sich dadurch viele Chancen, aber auch Risiken für Unternehmen und Mensch. Um diesen dynamischen Zeiten mitzuhalten wird ein Anstoß zum Kulturwandel, im Unternehmen selbst und insbesondere für die Generation X, empfohlen. Im Zuge dieses Kulturwandels ist es wichtig, dass digitale Tools oder CPPS bei den Mitarbeitern eher als Chance für das gesamte Unternehmen gesehen werden, um sich im immer schneller ändernden Umfeld und gesteigerten Kostendrucks zu stellen. Um dieses Mindset aufzubauen stehen, wie weiter oben ausgeführt Instrumente zur Verfügung. Aus wirtschaftsethischer Sicht ist es weiterhin sehr wichtig, niemanden auf dem Weg zu verlieren und die Interessen aller Beteiligten zu berücksichtigen. Auch für Personen, die in neuen Rollen Unwohlsein entwickeln, sollten Alternativen und Anreize zur Verfügung stehen.

Literaturverzeichnis

Becker, K.-D.:

Arbeit in der Industrie 4.0 – Erwartungen des Instituts für angewandte Arbeitswissenschaft e.V. (S. 23 – 29) in Zukunft der Arbeit in Industrie 4.0, Hrsg. Alfons Botthof und Ernst Andreas Hartmann, Springer Berlin Heidelberg, 2015.

Becker, W., Ulrich, P., Botzkowski, T.:

Industrie 4.0 im Mittelstand – Handlungspotenziale und Umsetzung (S. 91 – 111) in Handbuch Industrie 4.0 und Digitale Transformation - Betriebswirtschaftliche, technische und rechtliche Herausforderungen, Hrsg. Robert Obermaier, Springer Fachmedien Wiesbaden, 2019.

Conrad, C. A.:

Wirtschaftsethik - Eine Voraussetzung für Produktivität, 2., erweiterte und vollständig überarbeitete Auflage, Springer Fachmedien Wiesbaden GmbH, 2020.

Deuse, J., Weisner, K., Hengstebeck, A., Busch, F.:

Gestaltung von Produktionssystemen im Kontext von Industrie 4.0 (S. 99 – 109) in Zukunft der Arbeit in Industrie 4.0, Hrsg. Alfons Botthof und Ernst Andreas Hartmann, Springer Berlin Heidelberg, 2015.

Dietzfelbinger, D.:

Praxisleitfaden Unternehmensethik - Kennzahlen, Instrumente, Handlungsempfehlungen, 2. Auflage, Springer Fachmedien Wiesbaden, 2015.

Hermann, T., Hirschle, S., Kowol, D., Rapp, J., Resch, U., Rothmann, J.:

Auswirkungen von Industrie 4.0 auf das Anforderungsprofil der Arbeitnehmer und die Folgen im Rahmen der Aus- und Weiterbildung (S. 239 - 253) in Industrie 4.0 - Wie cyber-physische Systeme die Arbeitswelt verändern, Hrsg. Volker P. Andelfinger und Till Hänisch, Springer Fachmedien Wiesbaden, 2017.

Neuburger, R.:

Der Wandel der Arbeitswelt in einer Industrie 4.0 (S. 589 – 608) in Handbuch Industrie 4.0 und Digitale Transformation - Betriebswirtschaftliche, technische und rechtliche Herausforderungen, Hrsg. Robert Obermaier, Springer Fachmedien Wiesbaden, 2019.

Siepmann, D.:

Industrie 4.0 – Grundlagen und Gesamtzusammenhang (S. 19 – 31) in Einführung und Umsetzung von Industrie 4.0 - Grundlagen, Vorgehensmodell und Use Cases aus der Praxis, Hrsg. Armin Roth, Springer-Verlag Berlin Heidelberg, 2016.

Wagner, R. M.:

Einleitung: Industrie 4.0 und Digitalisierung – Erfolgspotenziale für Unternehmen (S. 3 – 12) in Industrie 4.0 für die Praxis - Mit realen Fallbeispielen aus mittelständischen Unternehmen und vielen umsetzbaren Tipps, Hrsg. Rainer Maria Wagner, Springer Fachmedien Wiesbaden GmbH, 2018.